Mes cahiers de mathématiques

Geoffrey Hugues Loïc Cormenier

CP

Géométrie
Grandeurs et mesures

Écris ton nom
de joueuse ou de joueur !

éditions mdi

Proposition de programmation annuelle

Fiches		septembre	octobre	novembre	décembre	janvier	février	mars	avril	mai	juin
1	Comparer des longueurs			X							
2	Mesurer et tracer des longueurs			X							
3	Mesurer des longueurs en cm				X						
4	Mesurer et tracer des segments en cm				X						
5	Comparer des objets selon leur masse (1)					X					
6	Comparer des objets selon leur masse (2)					X					
7 et 8	Les maths dans la vie / Énigme						X				
9	Se repérer dans le temps : les jours de la semaine			X							
10	Se repérer dans le temps : les mois de l'année			X							
11	Se repérer dans la journée : lire des heures entières (1)							X			
12	Se repérer dans la journée : lire des heures entières (2)							X			
13 et 14	Les maths dans la vie / Énigme								X		
15	Connaitre et utiliser la monnaie jusqu'à 10 €					X					
16	Connaitre et utiliser la monnaie jusqu'à 30 €					X					
17	Calculer avec la monnaie							X			
18	Rendre la monnaie							X			
19 et 20	Les maths dans la vie / Énigme									X	
21	Se repérer dans l'espace	X									
22	Se repérer sur un quadrillage	X									
23	Représenter un déplacement sur un quadrillage		X								
24 et 25	Les maths dans la vie / Énigme		X								
26	Utiliser la règle pour réaliser des tracés	X									
27	Mesurer des segments avec une règle graduée	X									
28	Tracer des segments avec une règle graduée		X								
29 et 30	Les maths dans la vie / Énigme			X							
31	Reconnaitre les figures usuelles : cercle, carré, rectangle et triangle				X						
32	Décrire avec les termes « sommet » et « côté » les carrés, rectangles et triangles				X						
33	Reproduire un carré, un rectangle, un triangle					X					
34 et 35	Les maths dans la vie / Énigme						X				
36	Reconnaitre les solides usuels								X		
37	Nommer des solides (cube, boule, pavé droit) et connaitre le vocabulaire associé								X		
38	Identifier la forme géométrique des faces du cube et du pavé droit									X	
39 et 40	Les maths dans la vie / Énigme									X	
	Enquête chez les jouets										X

Direction éditoriale : Marjorie Marlein • Édition : Camille Bouley
Conception graphique : Julie Lannes et Céline Bernard • Illustrations : Clémentine Guivarc'h
Infographies : Laurent Blondel • Mise en page : Al'Solo • Fabrication : Sébastien Argant

Ce livre est imprimé sur du papier issu de forêts gérées durablement.

N° de projet : 10295914 - N° éditeur : 374362 - Dépôt légal : mars 2024
Imprimé en France, en février 2024, par l'Imprimerie Chirat - N° 202401.0300

SOMMAIRE

1 Comparer des longueurs

Date : ....

★1 **Détache** les baguettes de magicien de la fiche matériel.
Compare les baguettes entre elles et **colle**-les de la plus petite à la plus grande.

★★2 **Détache** la brique de construction de la fiche matériel.
Entoure en **bleu** les crayons qui sont plus grands que la brique.
Entoure en **vert** les crayons qui sont plus petits que la brique.
Entoure en **jaune** les crayons qui font la même taille que la brique.

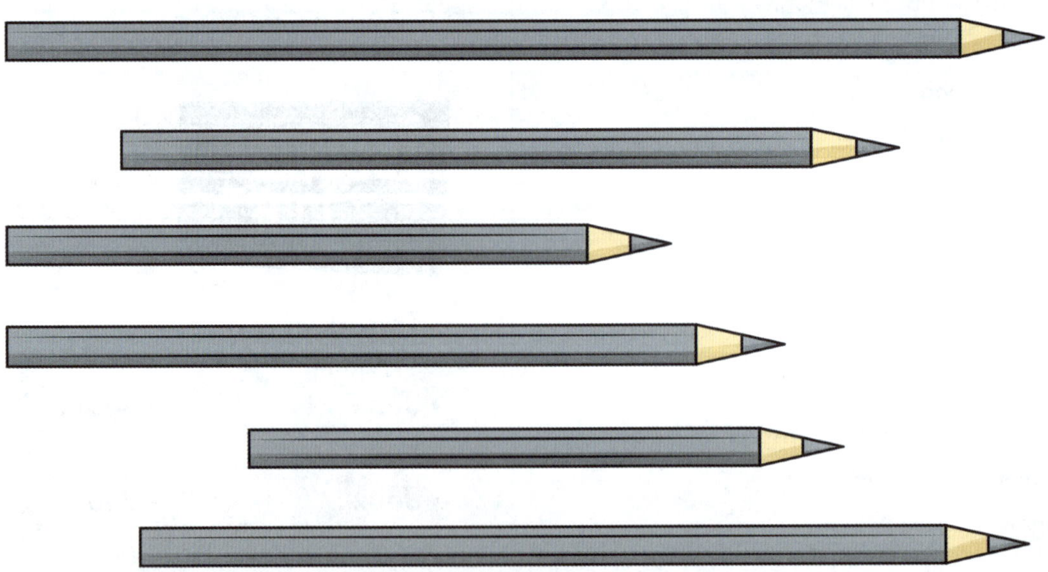

2 Mesurer et tracer des longueurs

Date : ....

1 **Détache** les bonbons multicolores de la fiche matériel.
Colle-les pour avoir la même longueur que le bonbon rouge.

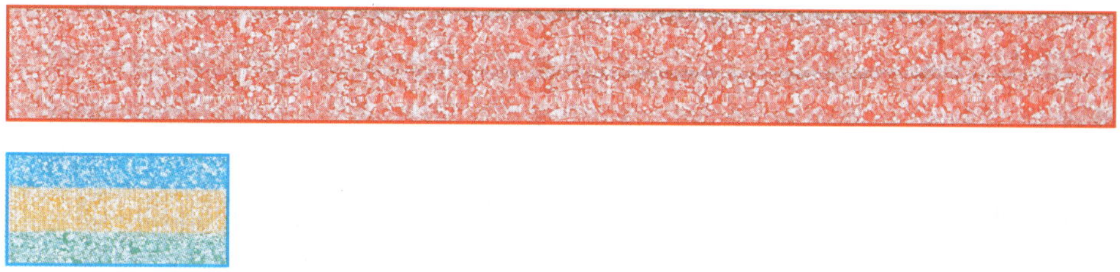

Il faut .... 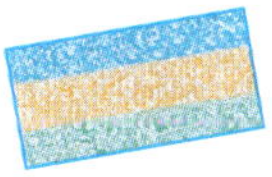 pour mesurer le bonbon rouge.

2 **Observe** les bandes de couleurs.

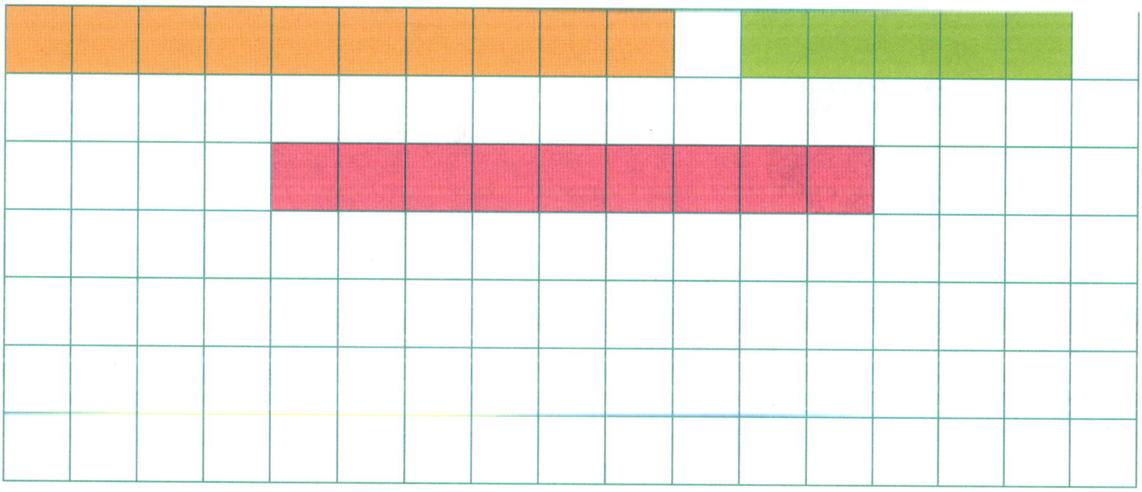

Combien de carreaux mesurent chacune des bandes ?

(orange) .... carreaux. (vert) .... carreaux. (rose) .... carreaux.

Trace et **colorie** une bande **bleue** de 8 carreaux.
Trace et **colorie** une bande **jaune** de 6 carreaux.

3 Mesurer des longueurs en cm

Date : ....

1 Détache le mikado de la fiche matériel.
Positionne et colle-le correctement au-dessus de la règle graduée pour mesurer sa longueur.

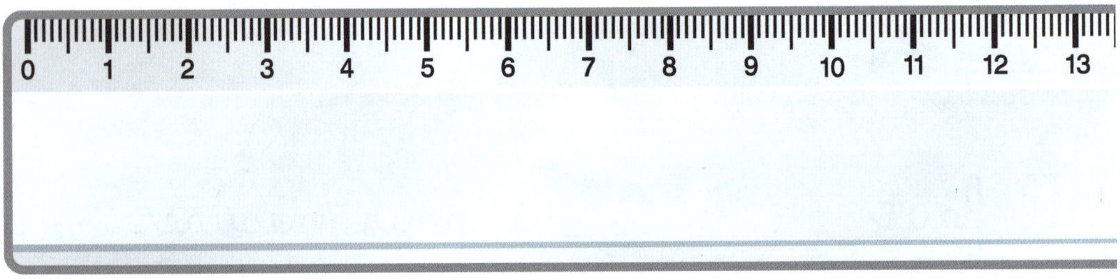

Le mikado mesure .... cm.

2 Quelle est la longueur de chacun de ces jouets ?

La voiture mesure .... cm.

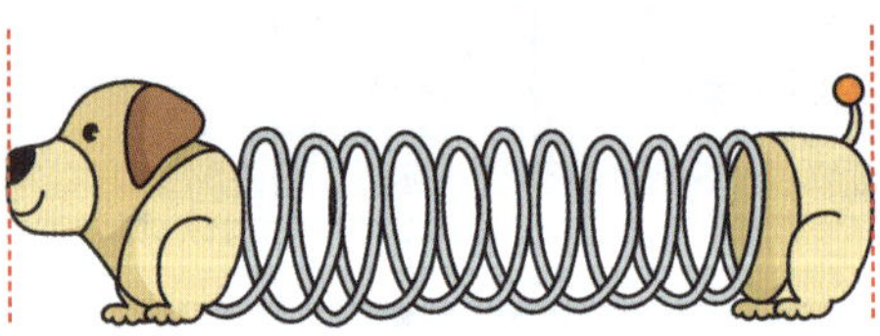

Le chien mesure .... cm.

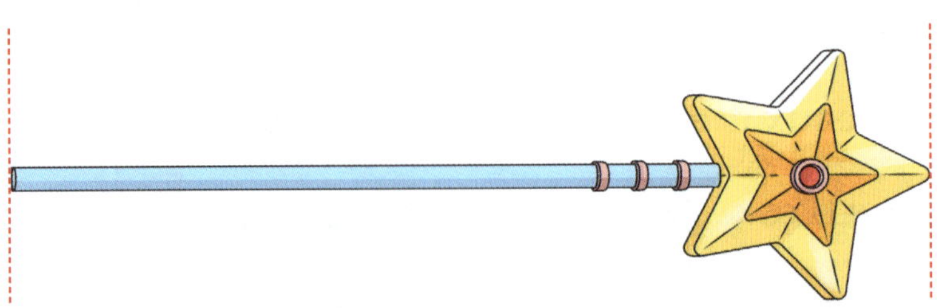

La baguette mesure .... cm.

4 Mesurer et tracer des segments en cm

Date : ....

1 Louise veut découper des rubans pour ses poupées.
À l'aide d'une règle graduée, **indique** d'un trait rouge où couper chaque ruban pour obtenir la bonne longueur.

6 cm

9 cm

10 cm

2 **Détache** la bande verte de la fiche matériel et **donne** sa mesure.

La bande verte fait .... cm.

Trace un segment qui mesure 2 fois la bande verte.

Détache la bande bleue de la fiche matériel et **donne** sa mesure.

La bande bleue fait .... cm.

Trace un segment qui mesure 3 fois la bande bleue.

5 Comparer des objets selon leur masse (1)

Date : ....

1 **Entoure** en **bleu** l'objet le plus lourd et en **vert** l'objet le plus léger.

2 Pour chaque balance, **complète** avec la bonne réponse :
lourd ou léger.

Le domino est plus

....

que la voiture.

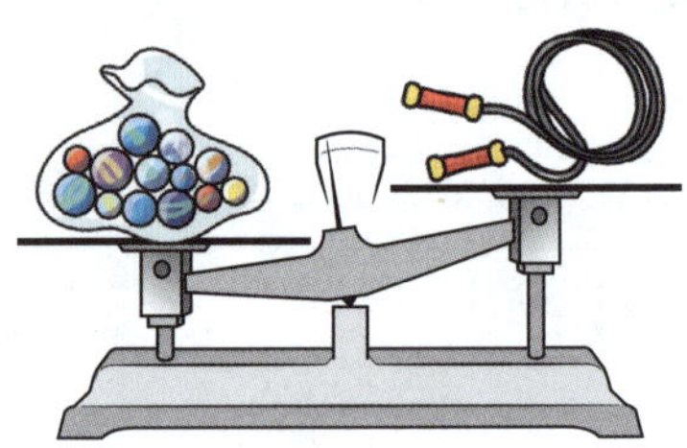

Le sac de billes est plus

....

que la corde à sauter.

6 Comparer des objets selon leur masse (2)

Date : ....

1 **Observe** ces balances. **Numérote** ces balles de la plus légère (1) à la plus lourde (3).

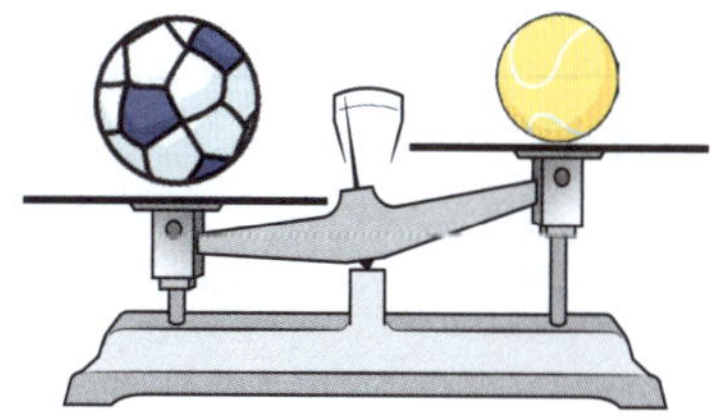

....

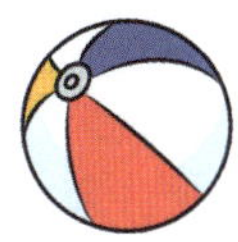

....

....

2 Pour chaque balance, **complète** la phrase.

La poupée pèse autant que .... cubes.

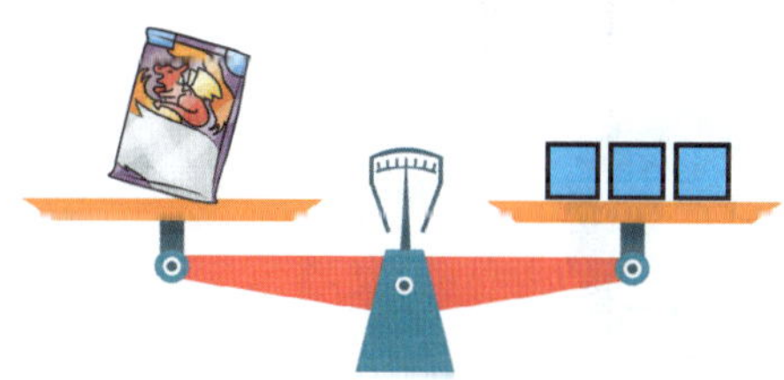

Les cartes pèsent autant que .... cubes.

Dessine les cubes nécessaires pour équilibrer cette balance.

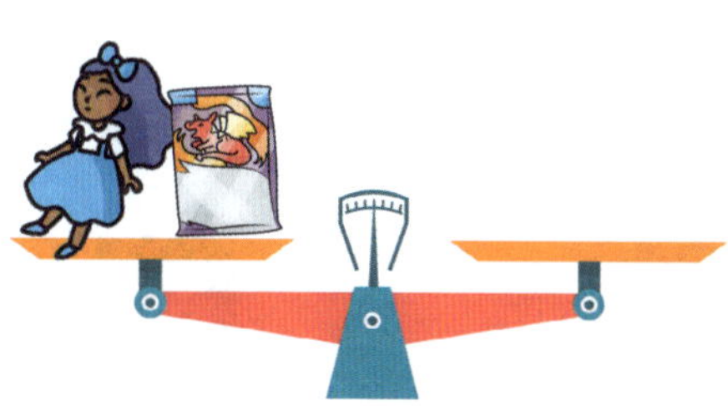

7 Les MATHS dans la vie

Date : ....

Sur la plage, 4 amis jouent à la pétanque. Le but est de rapprocher la boule le plus possible du cochonnet gris.

Mesure la distance entre chaque boule et le cochonnet et **indique** l'ordre des gagnants de cette partie en **coloriant** de la bonne couleur les boules.

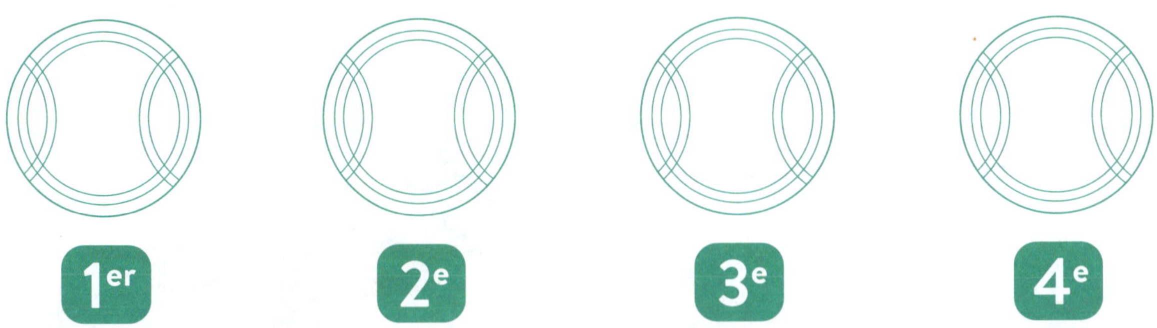

8

Date : ....

ÉnIGMe

Mathis fabrique un voilier avec des planchettes de couleurs.
Colorie les planchettes en respectant le code couleur suivant.

Taille	3 cm	4 cm	5 cm	8 cm	10 cm	11 cm	12 cm	13 cm	14 cm
Couleur									

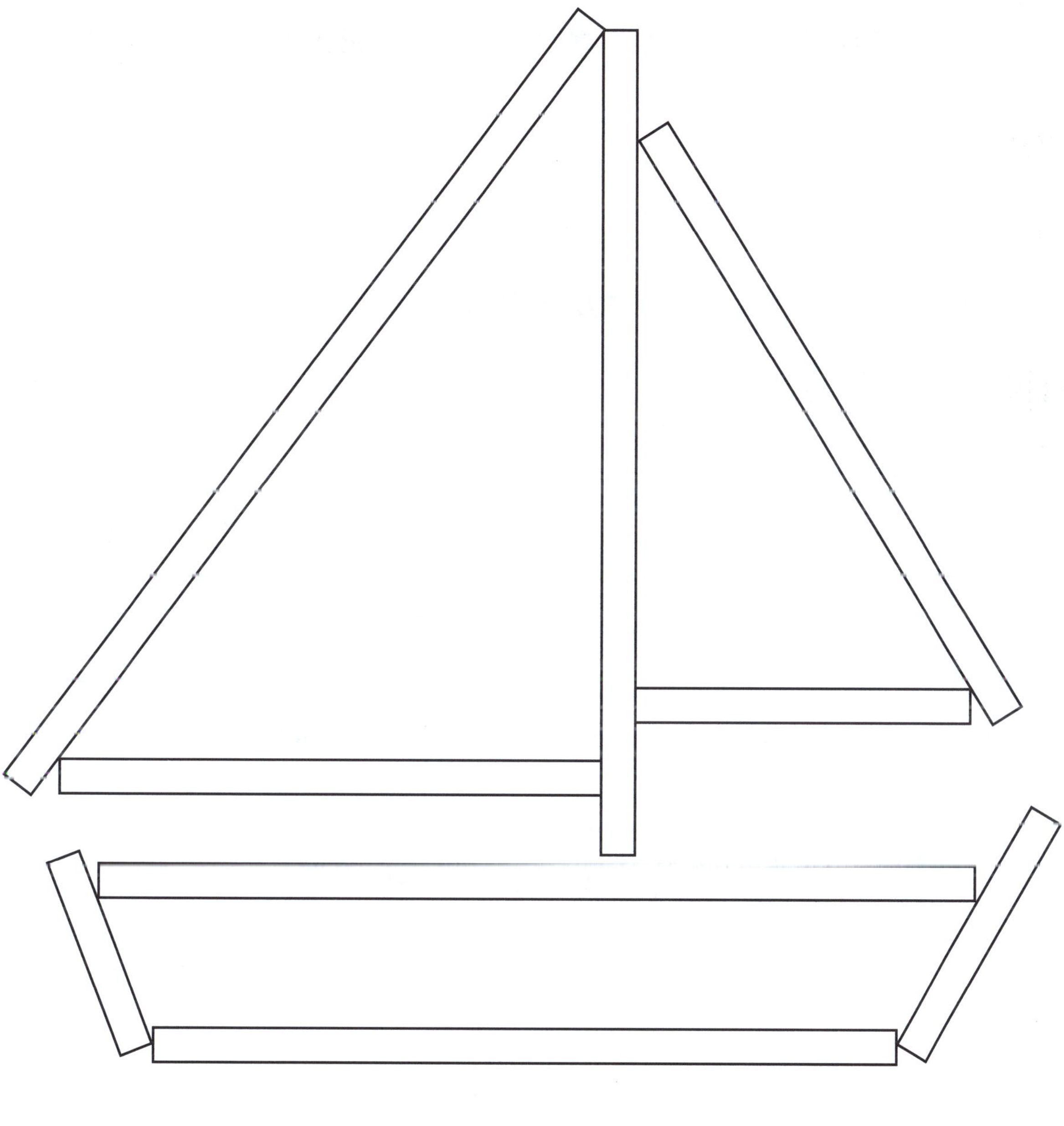

9 Se repérer dans le temps : les jours de la semaine

Date : ....

1 Alexandra a mélangé les wagons de son train.
Relie les wagons à la locomotive en suivant l'ordre des jours de la semaine.

2 **Complète** avec les jours de la semaine.

.... | samedi | ....

mercredi | .... | vendredi

3 **Colorie** les jours de la semaine où tu vas à l'école.

10 Se repérer dans le temps : les mois de l'année

Date : ....

1 **Observe** la roue des mois de l'année et **complète** les phrases suivantes.

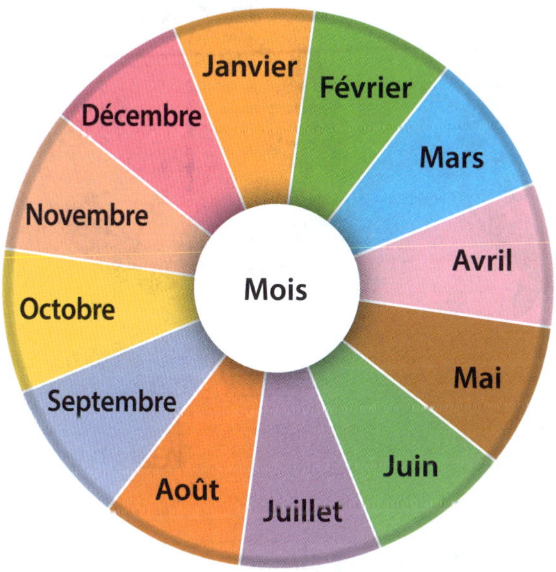

Dans une année,
il y a .... mois.

Le mois juste avant mai
est le mois d'........................ .

Le mois juste après
octobre est le mois
de ....

2 **Aide** Nolan à reconstituer son puzzle.
Numérote les pièces dans l'ordre des mois de l'année.

11 Se repérer dans la journée : lire des heures entières (1)

Date : ....

1 **Écris** l'heure indiquée par chacun de ces réveils.

Il est .... heures.

Il est .... heures.

Il est .... heures.

2 Lucas joue au chef de gare et annonce le départ de ses trains.
Détache et **construis** ton horloge de la fiche matériel.
Indique sur ton horloge chaque horaire puis **trace** en **bleu l'aiguille des heures** et en **vert l'aiguille des minutes** sur ton cahier.

Départ à 2 h.

Départ à 10 h.

Départ à 8 h.

12 Se repérer dans la journée : lire des heures entières (2)

Date : ....

1 **Relie** chaque image à la bonne heure.

Il est 9 h du soir.	Il est 11 h du matin.	Il est 5 h de l'après-midi.	Il est 7 h du matin.

2 **Observe** ces images. **Écris** l'heure et **colorie** le moment de la journée indiqué par ces horloges.

Il est ....

- du matin.
- de l'après-midi.
- du soir.

Il est ....

- du matin.
- de l'après-midi.
- du soir.

Date : ....

2 Voici l'emploi du temps d'Elise pour ses vacances.

Lundi	Mardi	Mercredi	Jeudi	Vendredi
Danse	Piano	Tennis	Repos	Dessin

Quel jour Elise joue du piano ?

Quelle activité fait Elise le lundi ?

Quel jour Elise n'a aucune activité ?

Aujourd'hui, Elise fait du dessin : colorie la case en **bleu**.

2 Manon voudrait aller à la boulangerie. Voici les horaires d'ouverture.

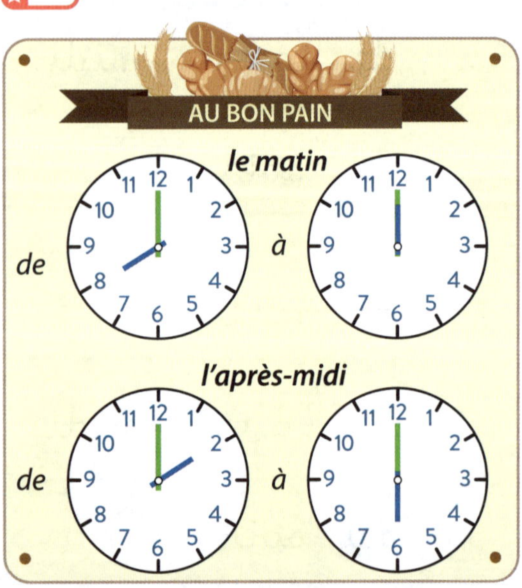

- La boulangerie est ouverte le matin de .... h à .... h .
- La boulangerie est ouverture l'après-midi de .... h à .... h .
- Manon regarde sa montre. Il est 1 h de l'après-midi. Peut-elle acheter du pain à la boulangerie ? Oui Non

14

Date : ....

ÉNIGME

Découvre le jouet caché dans l'image en coloriant selon le code couleur.

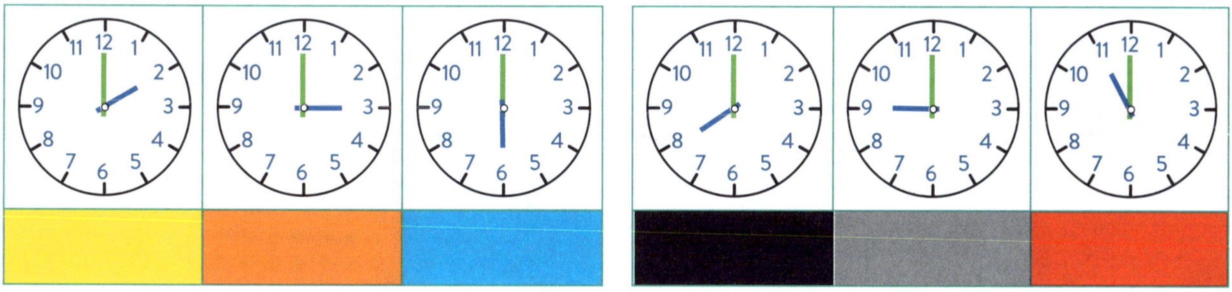

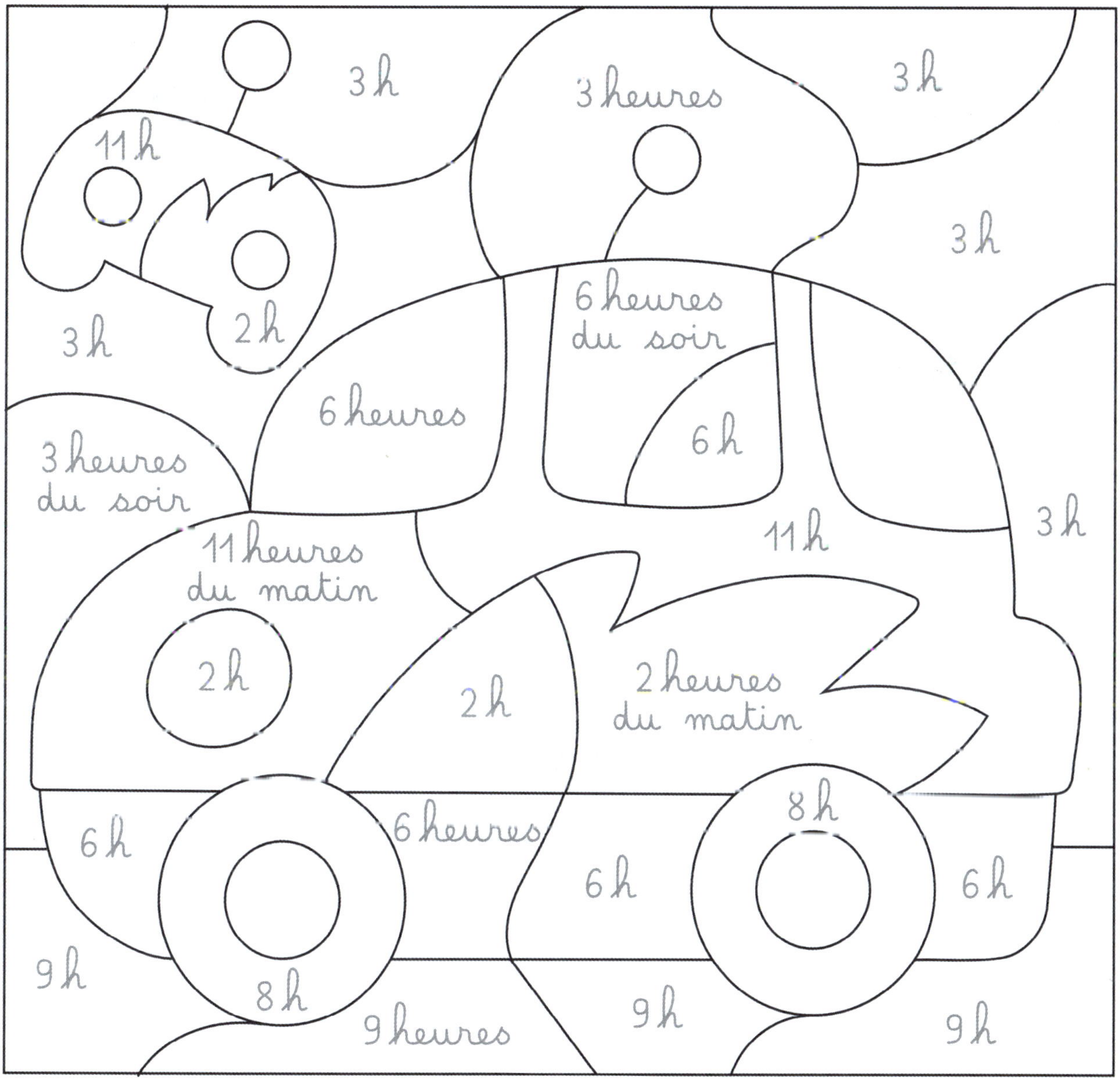

15 Connaitre et utiliser la monnaie jusqu'à 10 €

Date : ....

1 **Relie** chaque objet à la somme qui lui correspond.

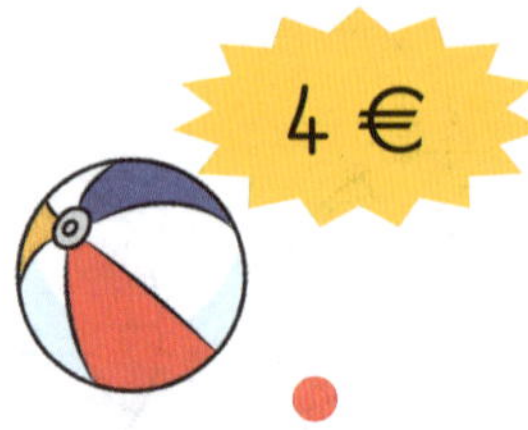

2 **Détache** les pièces de la fiche matériel.
Colle des pièces pour que le total soit identique à la valeur de chaque billet.

16 Connaitre et utiliser la monnaie jusqu'à 30 €

Date : ....

1 **Indique** combien d'argent contiennent les tirelires de Lilou et Robin.

Lilou : .... €   Robin : .... €

2 **Détache** les pièces et billets de la fiche matériel.
Colle la monnaie nécessaire pour acheter chacun des jouets ci-dessous.

17 Calculer avec la monnaie

Date : ....

1 **Entoure** en bleu le jouet le plus cher et en vert le jouet le moins cher.

2 **Dessine** la monnaie qu'il manque à Gabriel pour acheter son déguisement.

32 €

18 Rendre la monnaie

Date : ....

1 **Détache** les pièces de la fiche matériel.
Juliette achète des cadeaux. **Colle** la monnaie qu'on va lui rendre.

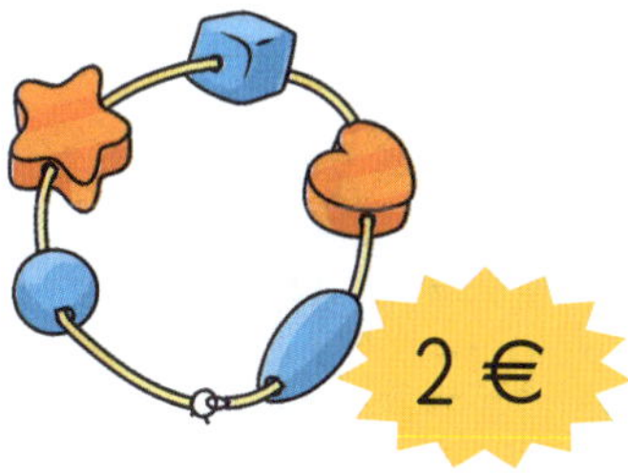

2 Des enfants jouent à la marchande.
Calcule et **écris** combien la marchande doit rendre à chacun.

La marchande rend .... €.

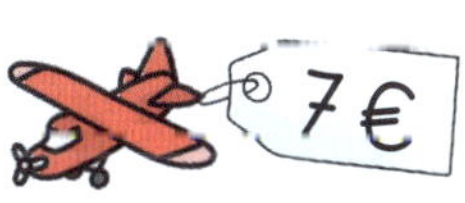

La marchande rend .... €.

La marchande rend .... €.

19 Les MATHS dans la vie

Date : ....

Kieran est invité à un anniversaire et souhaite acheter un cadeau à son ami.

Calcule combien il a d'argent dans son porte-monnaie.

.... €

Dans le magasin, Kieran hésite entre ces 4 jouets.

Entoure ceux qu'il peut acheter avec l'argent qu'il possède.

Finalement Kieran choisit la malette à dessin.

Barre l'argent qu'il va utiliser
et **compte** combien il lui reste dans son porte-monnaie.

→ *Il lui reste* .... €.

Date : ....

ÉnIGMe

Aide Anna à rejoindre la case verte.
Elle doit toujours passer par une case
avec une somme plus élevée que la précédente.
Attention elle ne peut pas se déplacer en diagonale.
Trace son chemin en bleu.

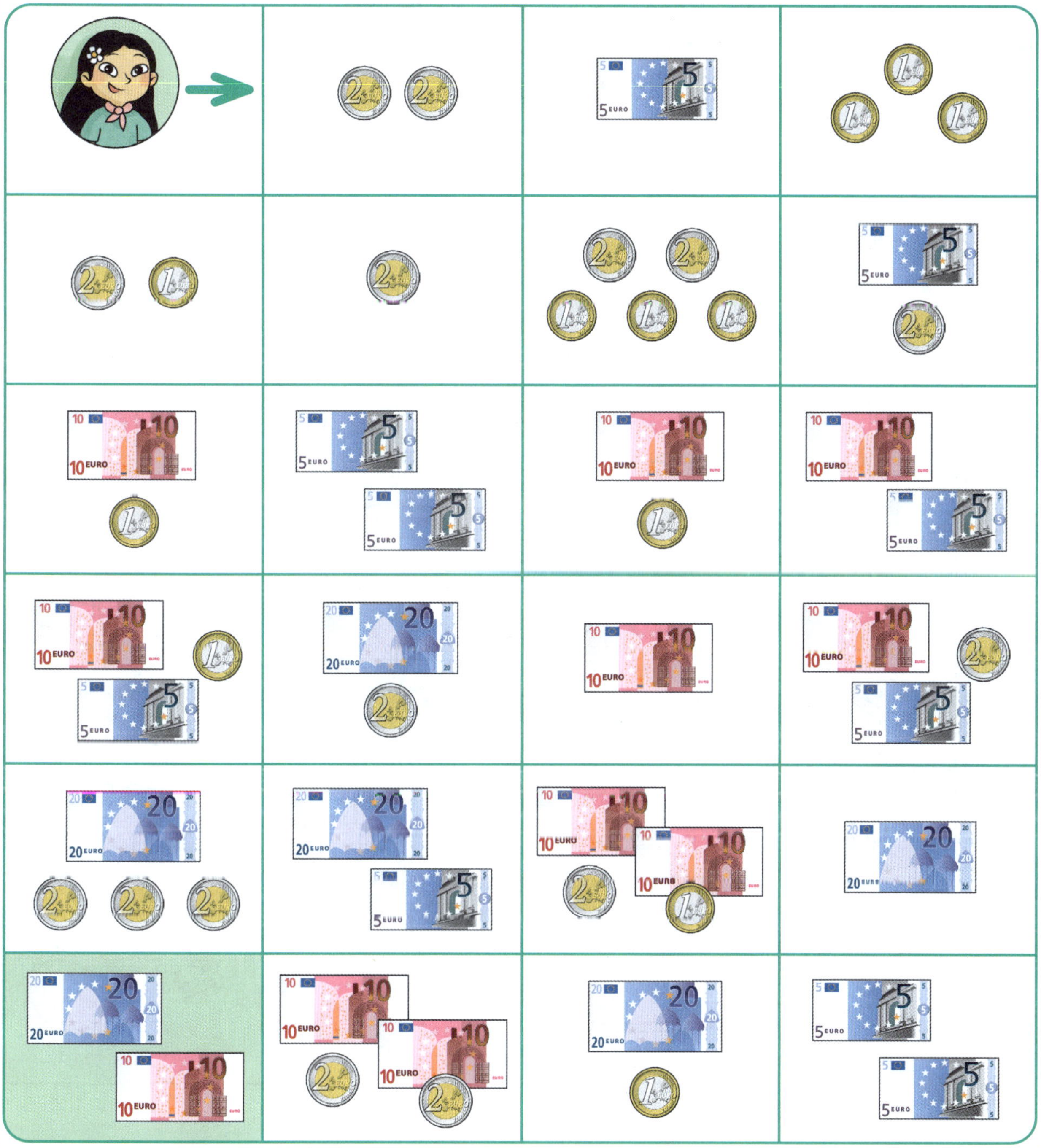

21 Se repérer dans l'espace

Date : ....

1 **Colorie les objets de la couleur indiquée :**

- la peluche qui est **sur** le bureau en **rouge**,
- la voiture qui est **à droite** du bureau en **bleu**,
- la poupée qui est **sous** le lit en **vert**,
- la cible de fléchettes qui est **à gauche** de la fenêtre en **jaune**,
- le ballon qui est **devant** le lit en **violet**,
- le ballon qui est **derrière** le lit en **orange**.

1 Exercice 1

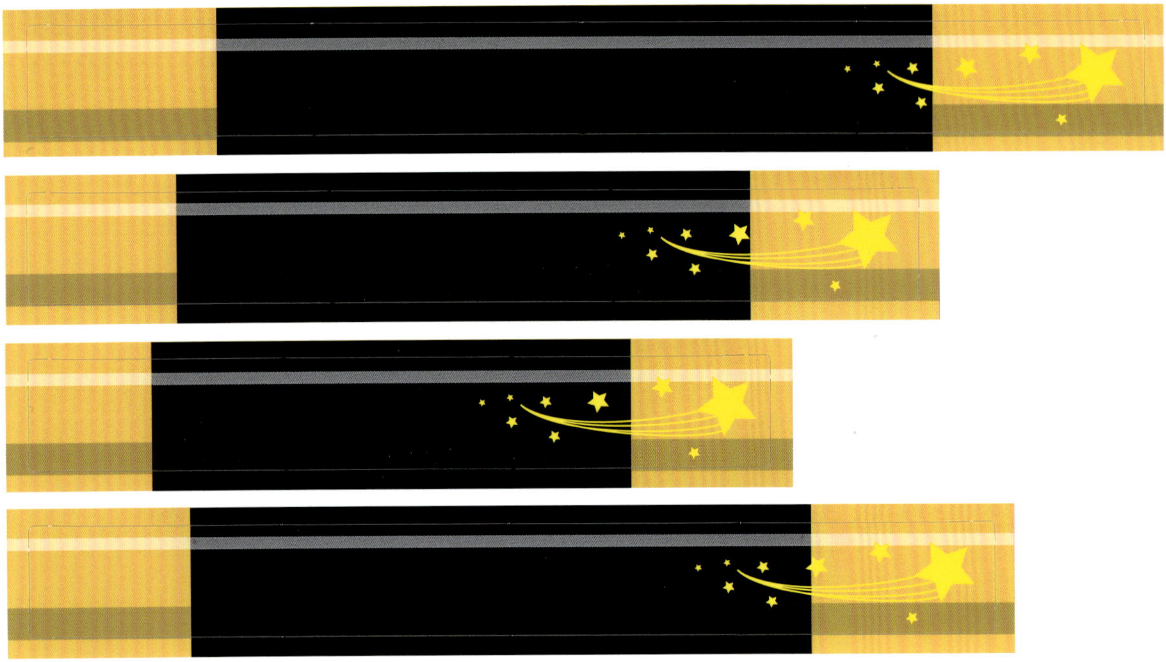

1 Exercice 2

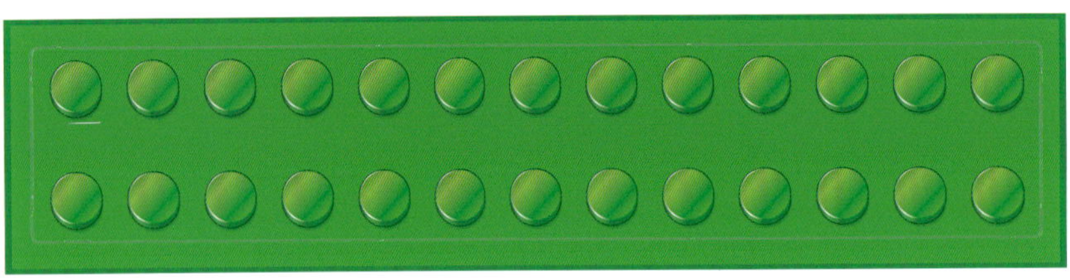

2 Exercice 1

3 Exercice 1

4 Exercice 2

11 Exercice 2

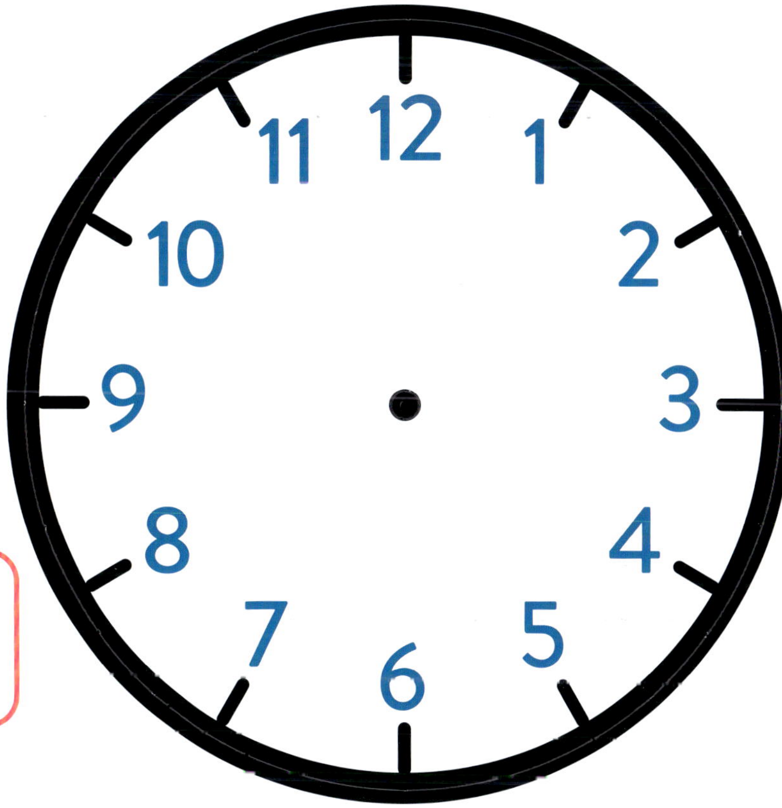

À monter avec une attache parisienne

15 Exercice 2

16 Exercice 2

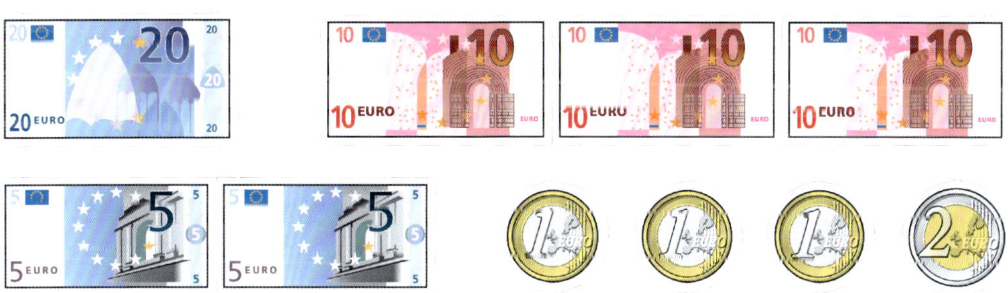

18 Exercice 1

22 Se repérer sur un quadrillage

Date : ....

★1 Écris les coordonnées des cases de chaque jouet.

	1	2	3	4	5	6	7	8
A								
B								
C								
D								
E								
F								

 .... / ....

 .... / ....

 .... / ....

 .... / ....

 .... / ....

 .... / ....

★★2 Place les croix de couleur dans les bonnes cases.

	1	2	3	4	5	6	7	8
A								
B								
C								
D								
E								
F								

X A / 6

X D / 4

X F / 8

X B / 5

X E / 1

X F / 7

23 Représenter un déplacement sur un quadrillage

Date : ....

1 **Réalise** le déplacement indiqué par les flèches pour trouver sur quelle case la voiture arrive.

	↓	↓	→	→	→	↑	→	→	↓	→	→	→	↓	→

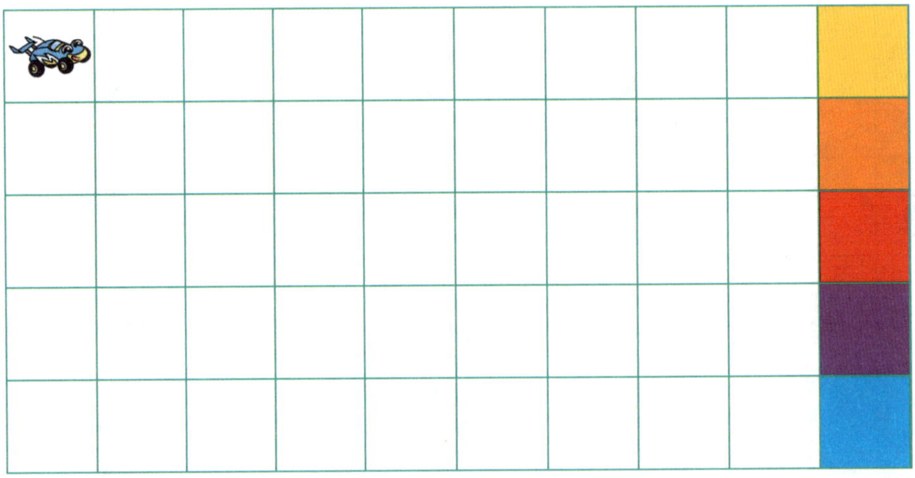

2 **Observe** les déplacements réalisés par les robots et **code**-les sous forme d'une suite de flèches **bleues** ou **rouges**.

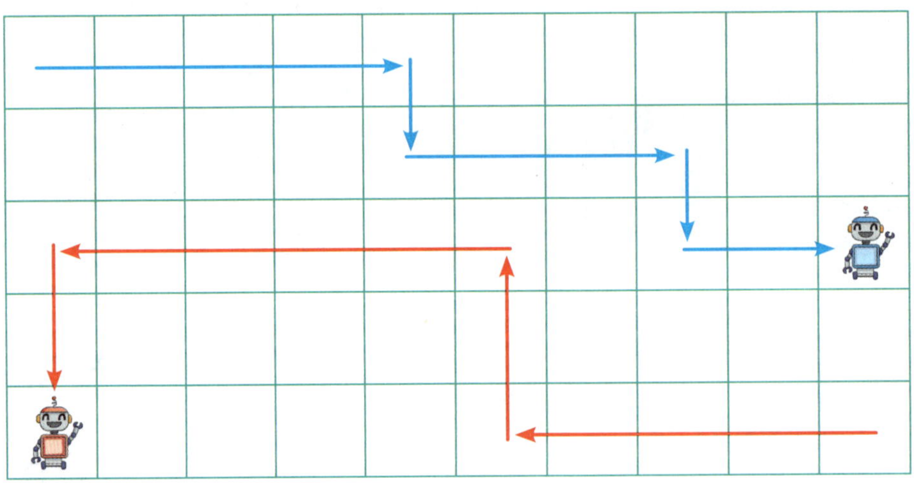

→											

←													

Date : ....

1 Observe le trajet de Léandre dans la classe.
Reproduis son déplacement sur le plan.
Code le déplacement dans les cases.

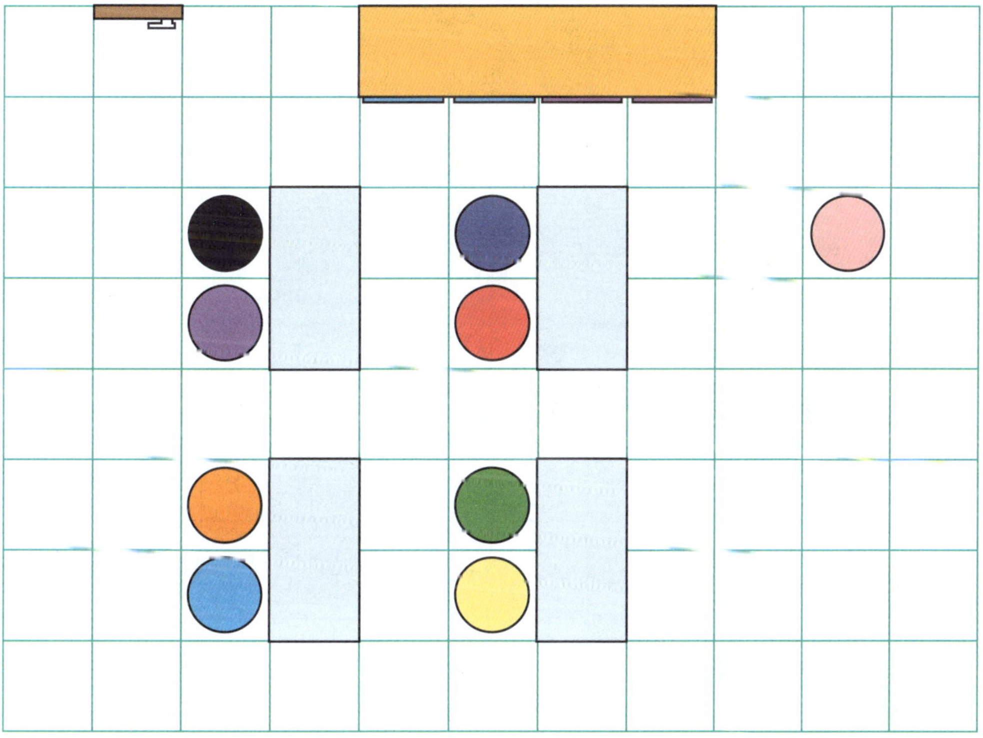

Date : ....

ÉNIGME

Amine veut retrouver son doudou.
Trace le chemin qu'il doit emprunter en suivant le codage donné.

	→	→	→	→	↓	↓	←	←	↓	↓	↓	←	←
↓	↓	↓	↓	↓	→	→	↑	↑	→	→	→	↓	↓
→	→	→	→	↑	↑	↑	↑	←	←	←	←	↑	↑

26 Utiliser la règle pour réaliser des tracés

Date : ....

1 Avec ta règle, **relie** les jouets identiques.

2 **Prolonge** les rayons du soleil jusqu'au bord du cadre.

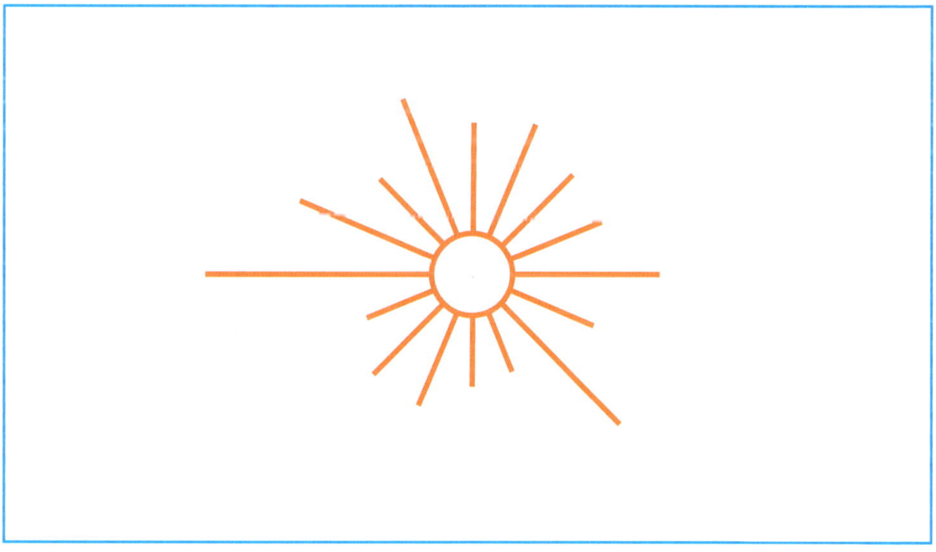

27 Mesurer des segments avec une règle graduée

Date : ....

1 Mesure et écris la longueur de chaque train.

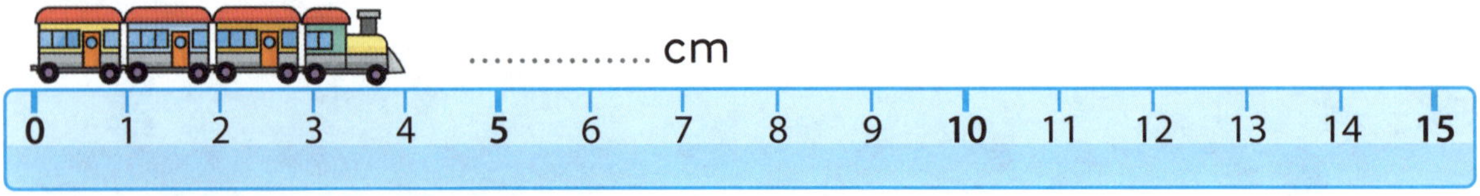

.... cm

.... cm

.... cm

.... cm

2 Mesure les segments avec ta règle et écris leur longueur.

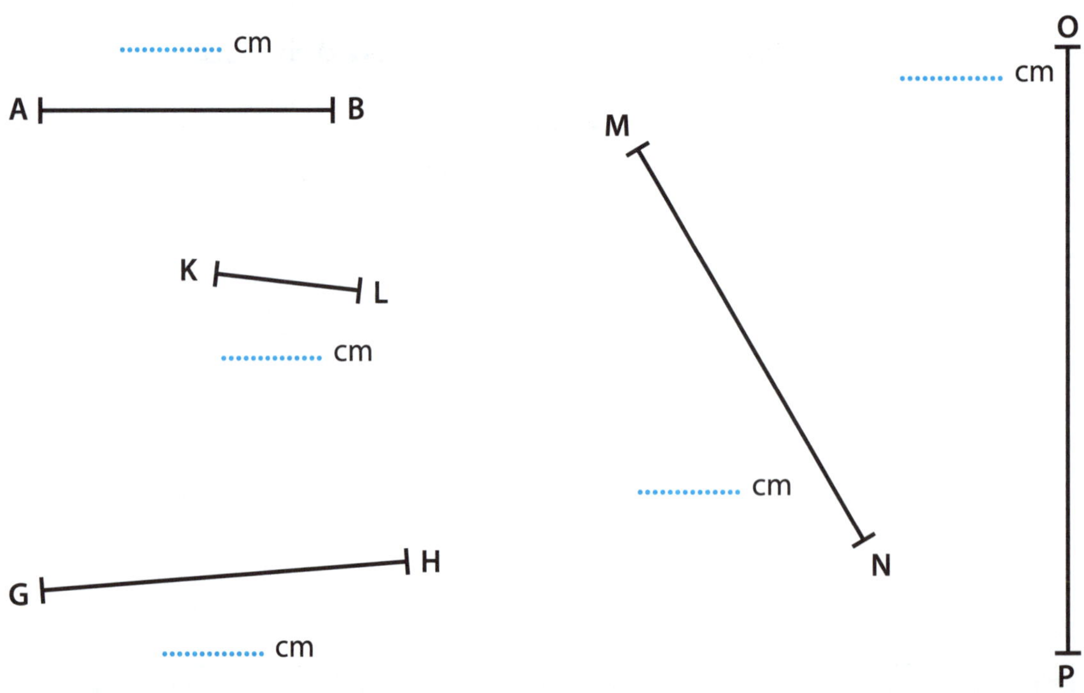

AB : .... cm

KL : .... cm

GH : .... cm

MN : .... cm

OP : .... cm

28 Tracer des segments avec une règle graduée

Date : ....

1 Le long de chaque règle, **trace** un segment de la longueur demandée en utilisant ta règle graduée.

6 cm
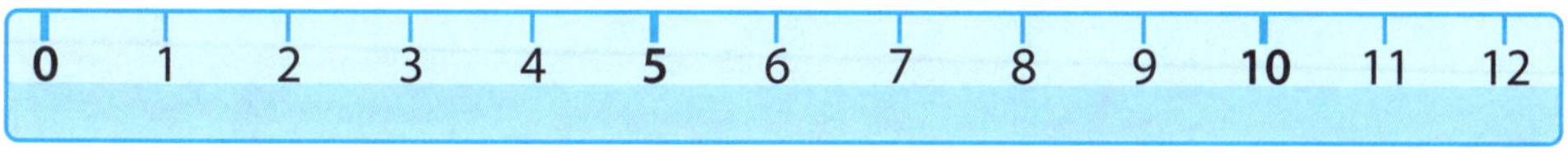

9 cm

10 cm

5 cm
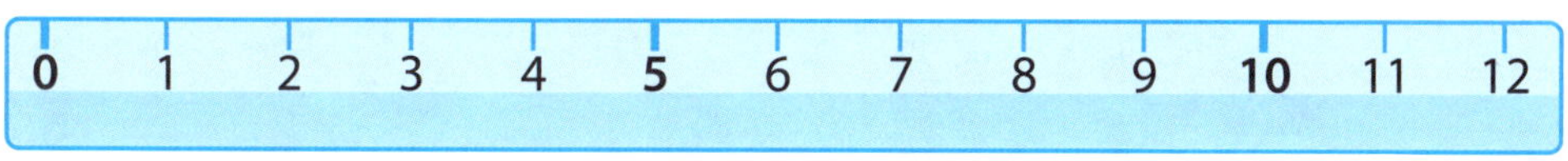

2 Avec ta règle, **trace** des segments de la longueur demandée en partant des points.

Un segment [AR] de 4 cm. A +

Un segment [NJ] de 8 cm. N +

Un segment [FP] de 2 cm. F +

Un segment [OK] de 9 cm. O +

Date : ....

1 Rosie observe les étoiles. Avec ta règle, **aide**-la à relier les étoiles alignées par 3 ou 4.

2 À la fête foraine, Charlie fait du tir à l'arc. **Prolonge** les flèches pour découvrir combien de ballons il a crevé.

Date : ....

ÉNIGME

Découvre quel est le doudou de Manon en utilisant ta règle pour relier les nombres du plus petit au plus grand.

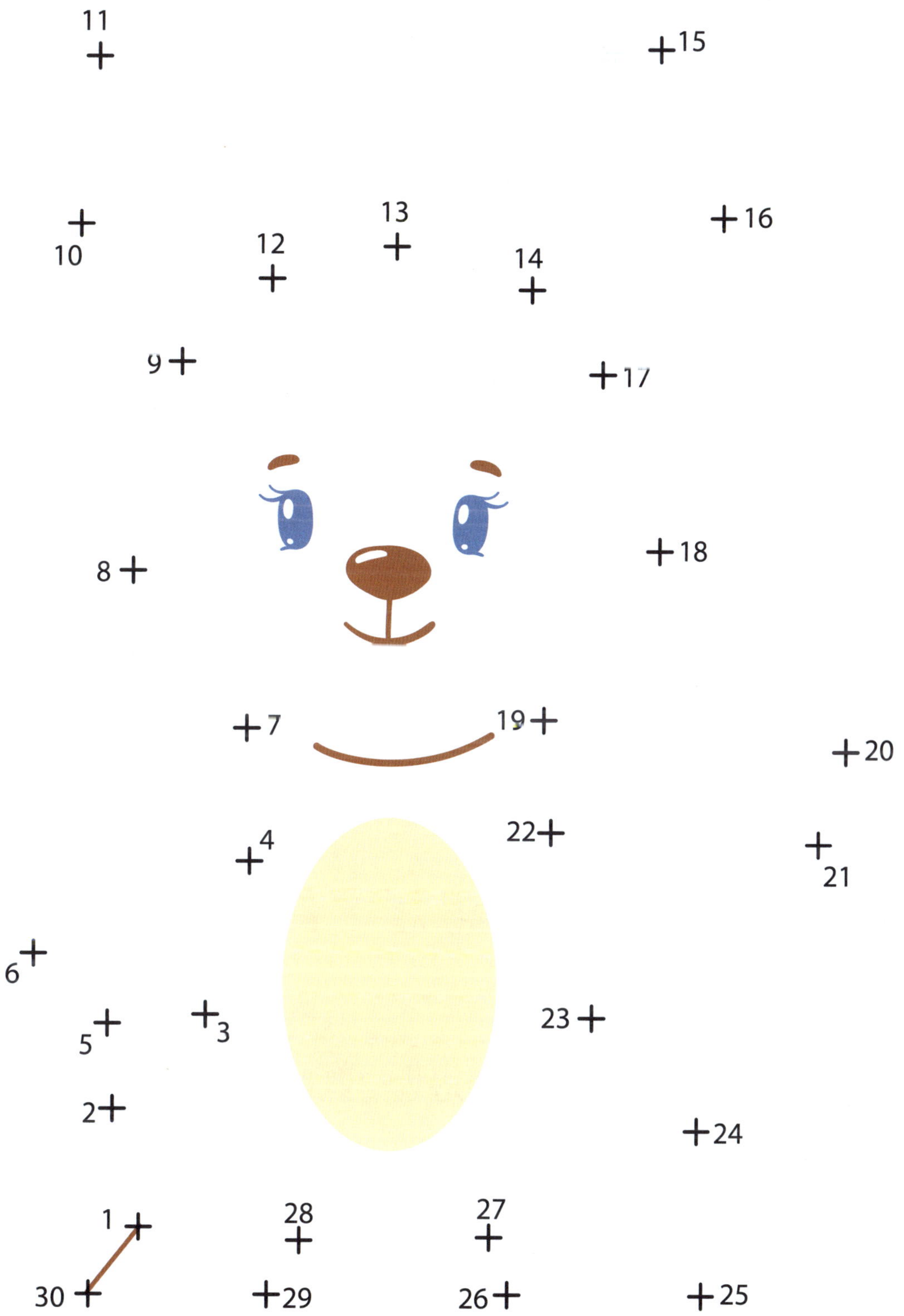

31 Reconnaitre les figures usuelles : cercle, carré, rectangle et triangle

Date : ....

1 **Colorie** les figures de la couleur indiquée.

2 **Observe** le t-shirt de chaque poupée et **relie** chaque figure à son nom.

triangle

carré

cercle

rectangle

32 Décrire avec les termes « sommet » et « côté » les carrés, rectangles et triangles

Date : ....

1 Sur chaque figure, **repasse** un côté en **bleu** et **marque** un sommet d'un point **rouge**.

2 **Complète** le tableau en t'aidant des figures.

	Nombre de sommets	Nombre de côtés	Nom de la figure
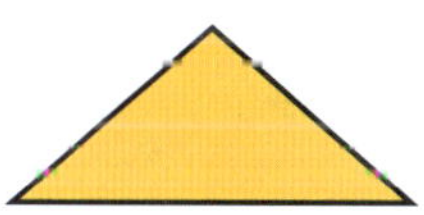	....	....	....
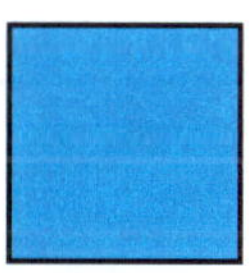	....	....	....
	....	....	....

33 Reproduire un carré, un rectangle, un triangle

Date : ....

1 Reproduis les figures à l'identique.

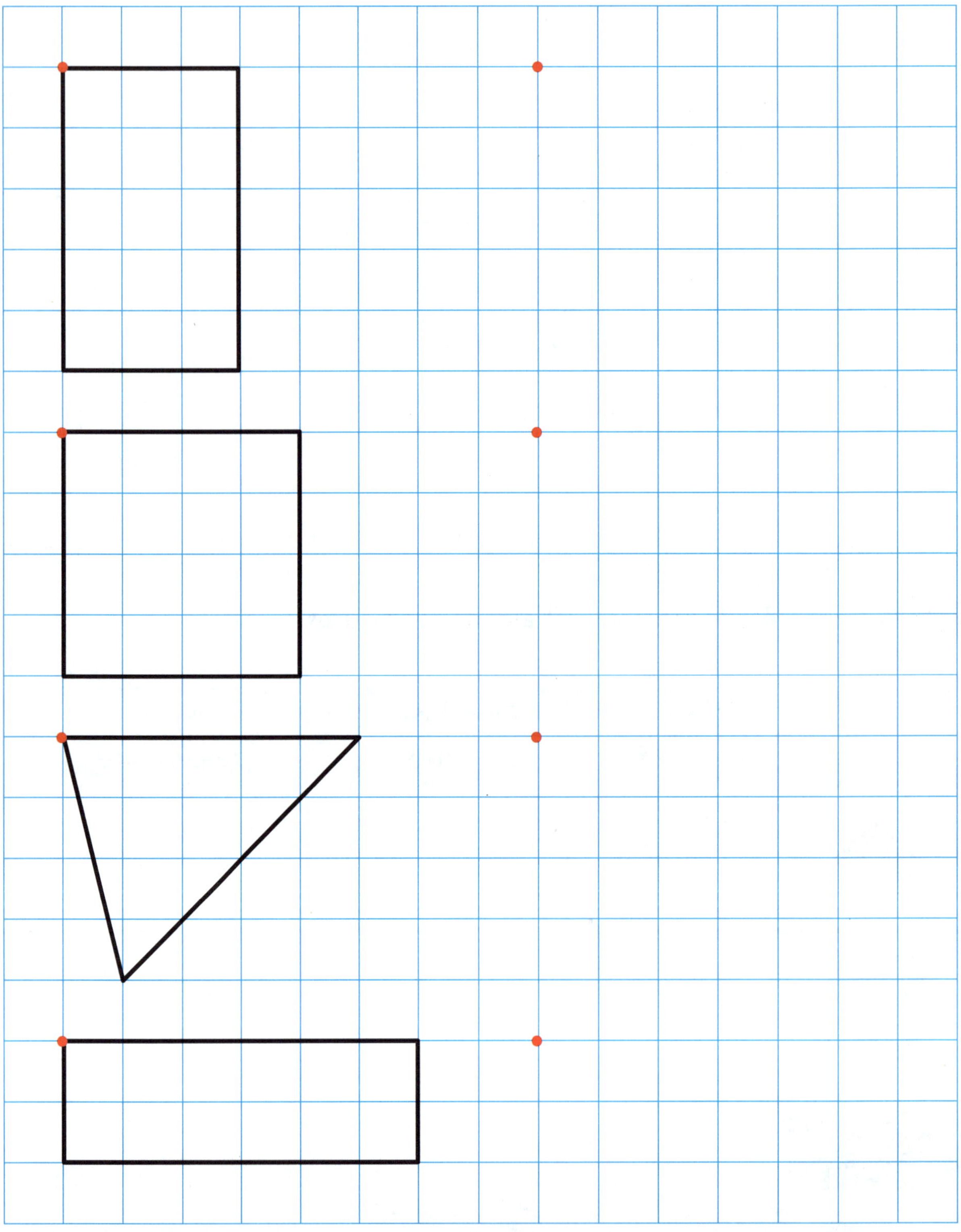

34 Les MATHS dans la vie

Date : ....

1 Observe ce dessin et repasse les contours des formes de la couleur indiquée.

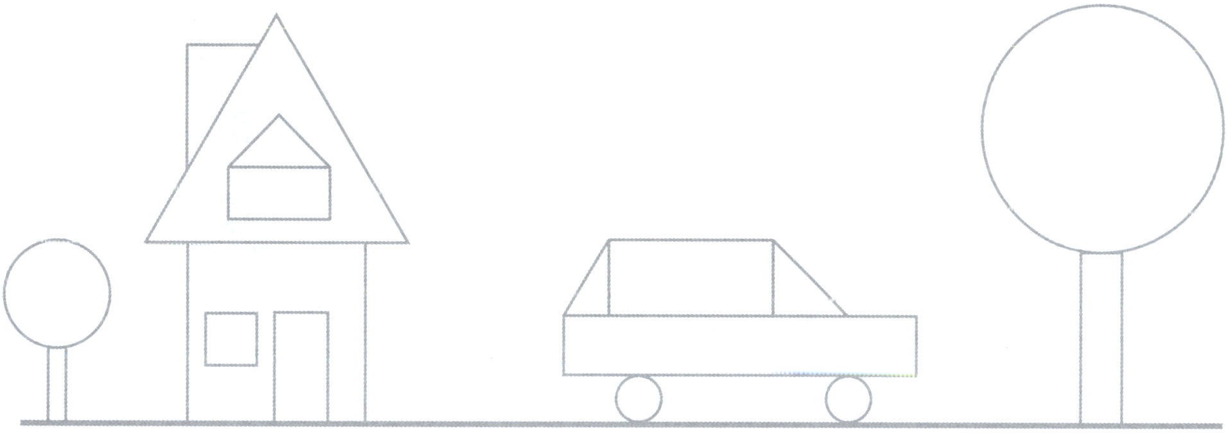

2 Les panneaux de signalisation routière sont de différentes formes. Trace les panneaux de la forme demandée en t'aidant du côté déjà tracé.

un carré — un triangle — un rectangle

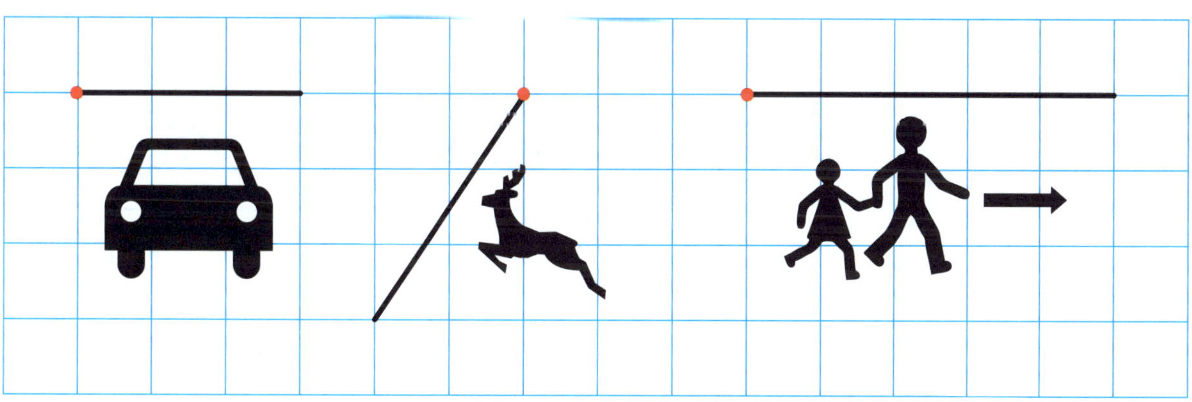

**Khatia a joué avec un tangram.
Sur chaque réalisation, colorie les pièces
de la même couleur que sur le modèle.**

le cygne

le chat

l'oiseau

le pingouin

le chien

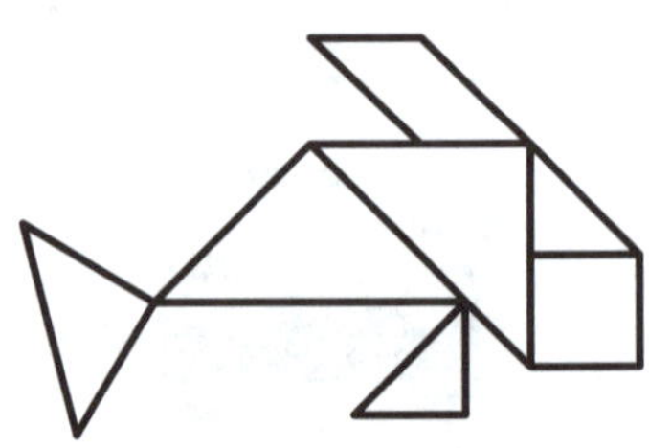

le poisson

36 Reconnaitre les solides usuels

Date : ....

1 **Colorie** les solides de la couleur indiquée. Attention aux intrus.

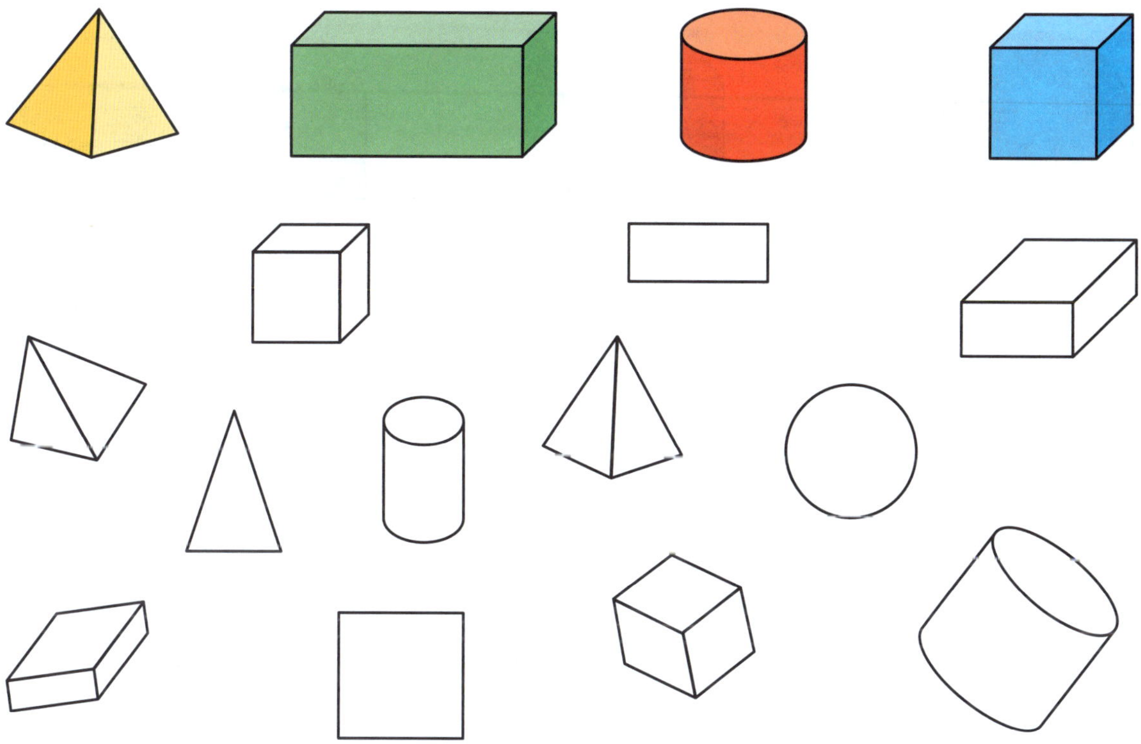

2 **Aide** Charlotte à compter le nombre de cubes dans cette construction. Attention aux intrus !

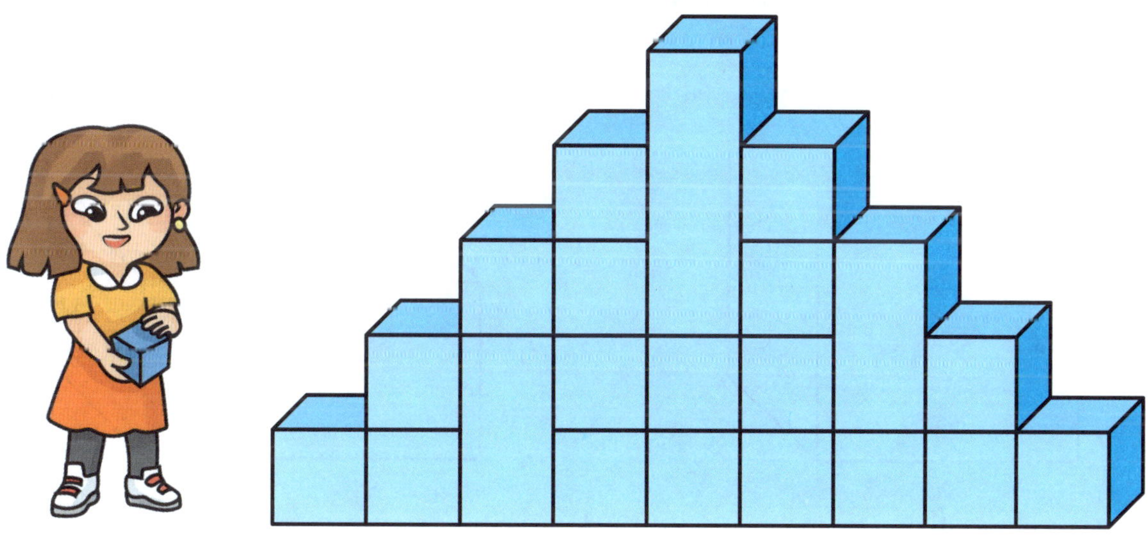

Il y a .... cubes.

37 Nommer des solides (cube, boule, pavé droit) et connaitre le vocabulaire associé

Date : ....

1 Relie chaque solide à son nom.

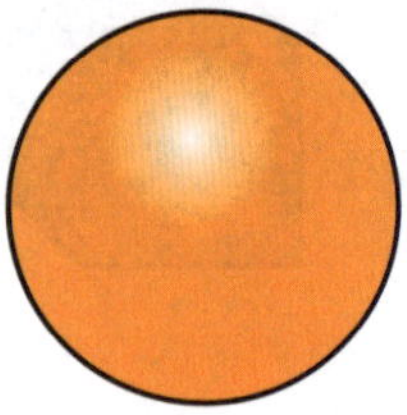
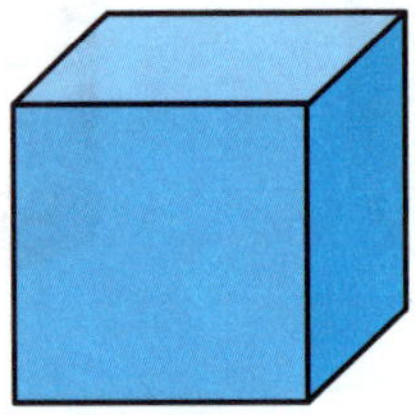

cube pavé droit boule

2 Sur chaque solide, colorie une face en bleu et marque tous les sommets avec un rond vert.

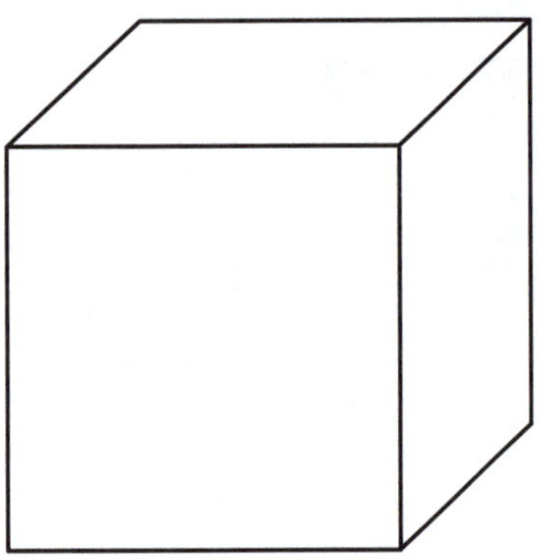

cube

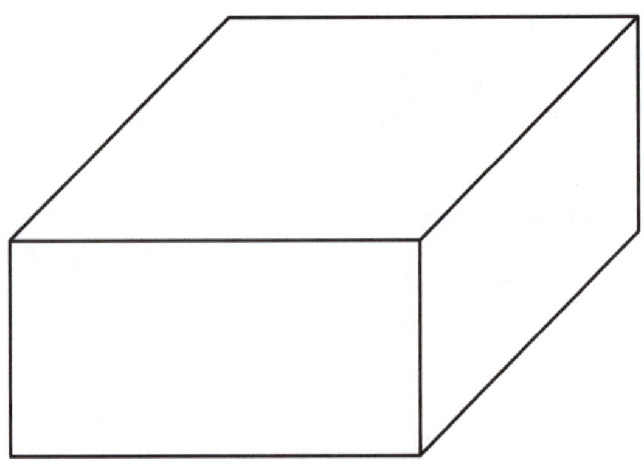

pavé droit

38 Identifier la forme géométrique des faces du cube et du pavé droit

Date : ....

1 Pour chaque solide, **colorie** la figure qui compose l'une de ses faces.

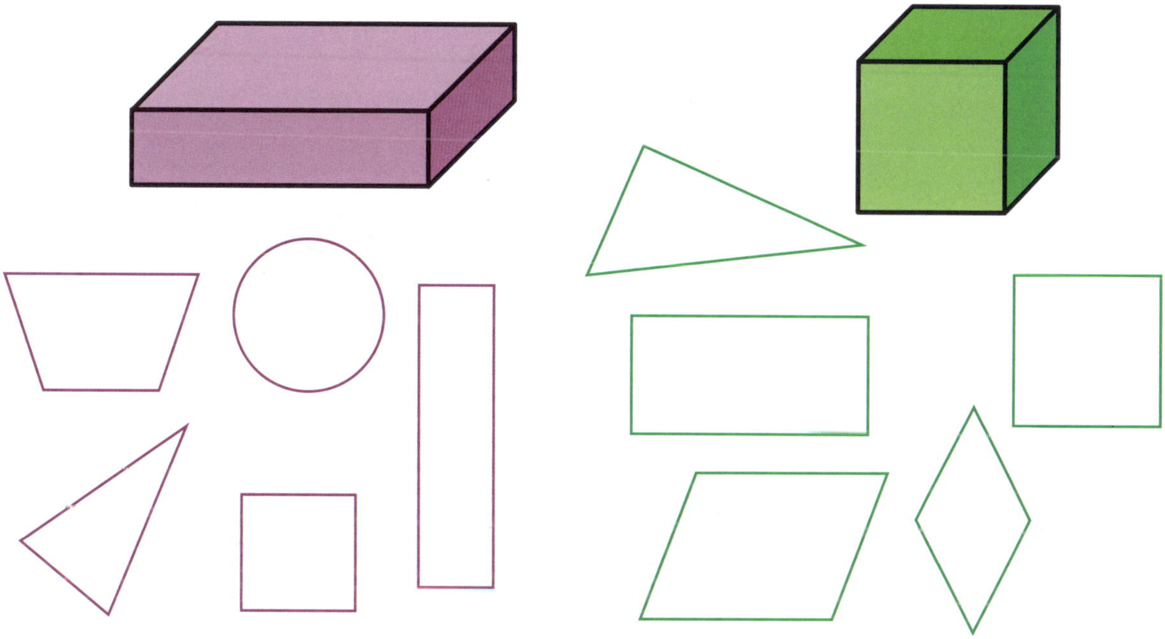

2 Gauthier a fait des empreintes dans le sable avec toutes les faces de ses solides.
Colorie chaque empreinte de la couleur du solide utilisé.

Date : ....

1 **Entoure** ces objets de la bonne couleur selon leur forme.

cube pavé droit boule

2 **Écris** le nom de la forme de chaque objet : cube, pavé droit, ou boule.

....

Date : ....

Voici une photo de la classe de Malo.
Aide-le à colorier un objet de chaque forme de la bonne couleur.

ENQUÊTE CHEZ LES JOUETS

Amina se promène au musée du jouet.
Elle doit retrouver l'un des jouets
les plus vendus au monde.

Aide-la à résoudre les énigmes suivantes pour identifier le bon jouet.

1 Complète les mots croisés avec les jours de la semaine dans l'ordre.
La lettre mystère est celle qui est écrite dans la case bleue.

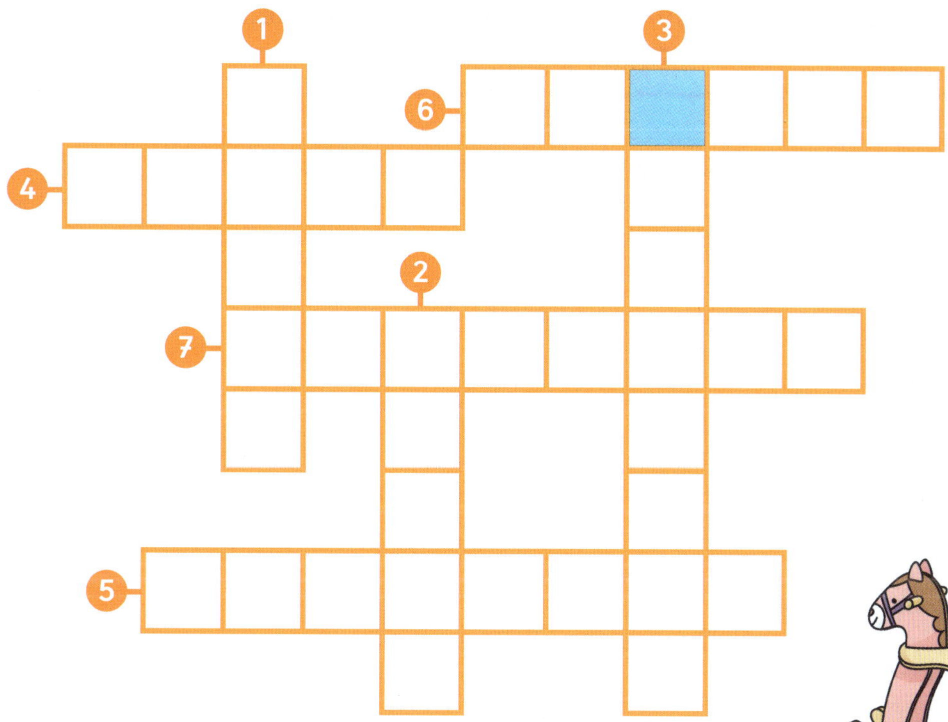

2 Avec ta règle, relie les lettres alignées trois par trois.
La lettre qui restera seule sera la bonne réponse.

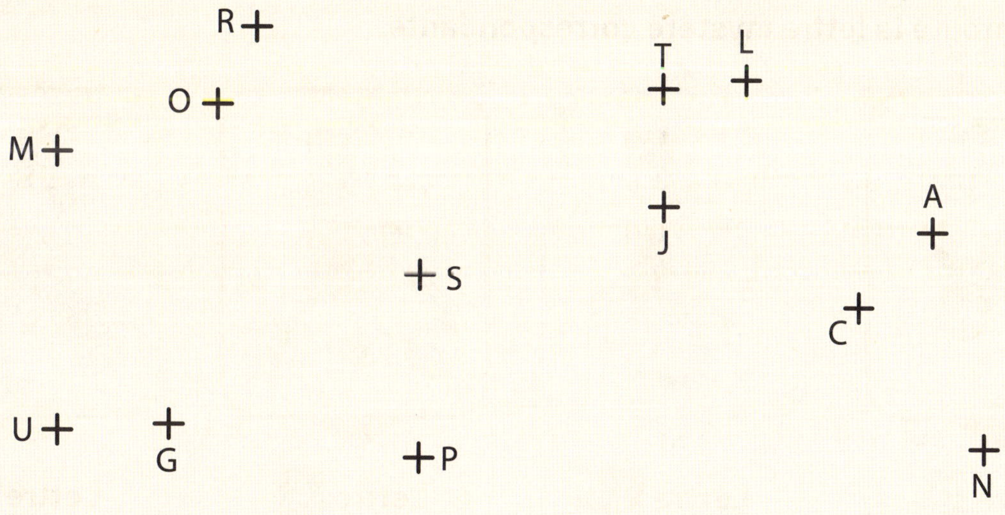

ENQUÊTE CHEZ LES JOUETS

3 Suis le chemin de l'avion pour trouver la bonne lettre.

	↓	→	→	→	↓	↓	→	→	→	→	↑	↑	←	↑

		G				A			
				L					U
				R					
I								E	
		T				V			

4 Trouve quelle somme n'est pas égale à 25 €.
Entoure la lettre mystère correspondante.

Lettre G

Lettre I

Lettre A

Lettre T

5 Trouve quelle liste permet de décrire correctement le dessin. Entoure la lettre mystère correspondante.

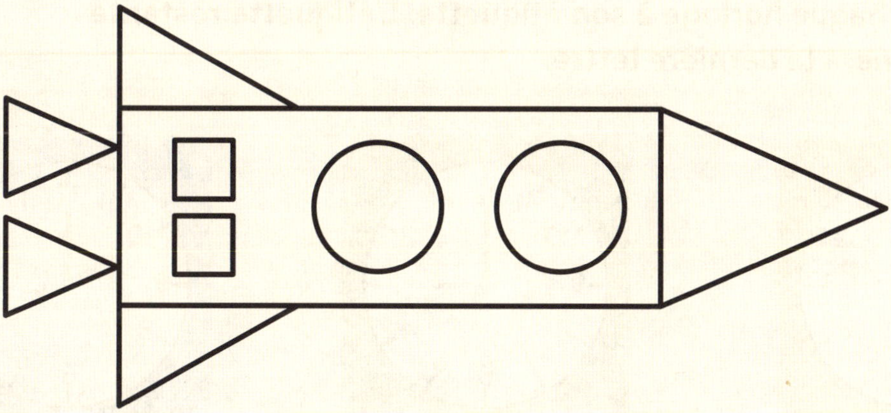

Lettre G	Lettre I	Lettre A	Lettre V
Il y a dans le dessin : – 2 carrés – 4 triangles – 1 rectangle – 2 cercles	Il y a dans le dessin : – 1 carré – 5 triangles – 2 rectangles – 2 cercles	Il y a dans le dessin : – 2 carrés – 5 triangles – 1 rectangle – 2 cercles	Il y a dans le dessin : – 1 carré – 5 triangles – 2 rectangles – 3 cercles

6 Mesure ce segment pour trouver la lettre mystère.

12 cm	15 cm	10 cm	13 cm
Lettre T	Lettre I	Lettre M	Lettre O

ENQUÊTE CHEZ LES JOUETS

Relie chaque horloge à son étiquette. L'étiquette restante te donnera la dernière lettre.

10 heures	6 heures	12 heures	3 heures
↓	↓	↓	↓
Lettre R	Lettre E	Lettre F	Lettre U

Bravo, tu as trouvé l'un des jeux les plus vendus au monde !

Monsieur Patate

est aussi le premier jouet à avoir eu sa publicité à la télévision.